U0192205

圆形、方形和流线型的建筑

圆形、方形和流线型的建筑

Round Buildings, Square Buildings, and Buildings that Wiggle Like a Fish

[美] 菲利普·艾萨克森 著　闫晋波　韦诗誉　李 娜 译

中国建筑工业出版社

中文版序

意大利著名的工程师、建筑师皮埃尔·鲁基·奈尔维（Pier Luigi Nervi，1891-1979年），在其著有的《建筑的艺术与技术》一书中提到，建筑是技术与艺术的综合体。建筑单体和人体尺度的景观、装饰，是人们直观体验城市美学的第一印象。同时，城市中的历史建筑留存了城市文化和记忆。对于建筑学专业人员，这是一本主要“描述”西方历史建筑的休闲读物；对于大多数普通读者而言，这是一本启迪建筑艺术思维的科普读物，有助于读者通过解读建筑单体去理解建筑哲学与城市文化。

在普利兹克奖得主、世界著名华裔建筑师贝聿铭先生的职业生涯里，柯布西耶于1935年在MIT的演讲对时年18岁的贝先生而言，是“建筑教育中最重要的两天”。建筑大师们通过一个个经典的建筑作品和隽永的建筑语言跨越时空与人们进行对话，传承思想。品读建筑对于启发初学者对经典的建筑语言和建筑学知识的兴趣非常重要，而兴趣恰恰是最好的老师。

本书涵盖大量经典案例，同时言简意赅、文字流畅，有助于初学者形成对建筑形式、风格的基本认识；有助于了解西方建筑史，增加学习建筑学的兴趣；有助于理解“形式与功能”“形式与结构”等建筑设计及其理论概念。这本书同时也启发读者去探索、去体验、去感受多样化的美和生活，正如文中所述：“这些奇妙的建筑告诉我们许多关于美的事”。让建筑艺术更好地服务于人们对美好生活的向往。

向历史长河中伟大的建筑师们致敬，向矗立千百年不倒的经典建筑致敬。

程晓青

2021年10月

目录

Contents

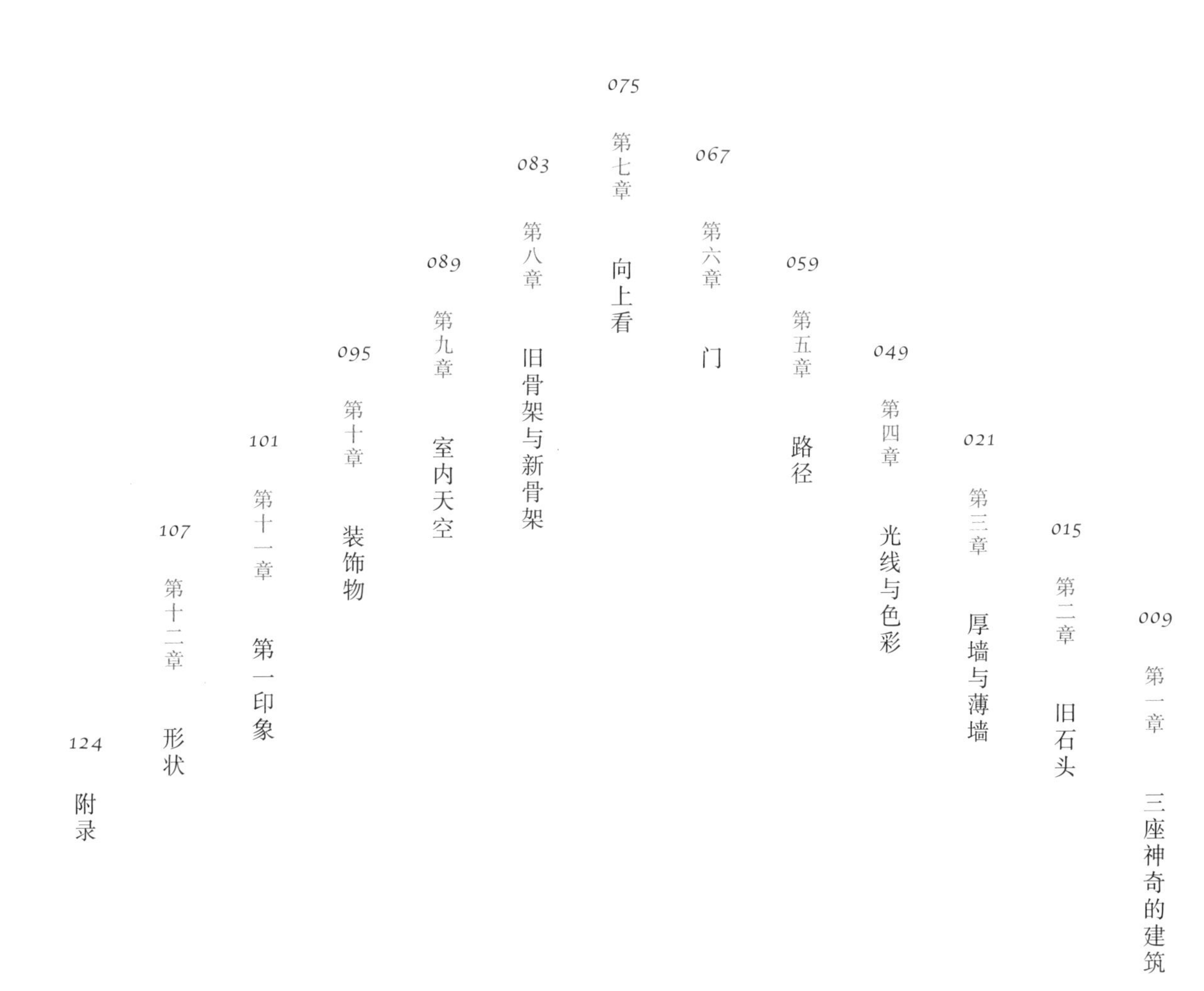

1

1 ONE 三座神奇的建筑

Three Wondrous Buildings

这座建筑位于印度北部的一个小城（**图 1**）。人们从世界各地赶来看它，他们中的很多人都认为这是世界上最美丽的建筑。它被称为泰姬陵（Taj Mahal），是一位伟大的皇帝送给他妻子的情人节礼物——她不幸在很年轻的时候就去世了。泰姬陵由奶油色的大理石打造。每天下午，太阳都会改变它的颜色，先是变成粉红色，然后是黄色、杏黄色，到了晚上则变成棕色。当月亮照在它身上时，它又变成蓝色和灰色的了（**图 2**）。在月光下，泰姬陵仿佛是那位年老的皇帝，睡着了，做着梦。

泰姬陵大约有三百年的历史，而现在要说的这
建筑则要古老得多（**图 3**、**图 84**）。它建于大
2500 年前，坐落在希腊的一座白色大理石山上
因为建筑也是用白色大理石打造，所以它仿佛是
这座山上生长出来，也好像是矗立在森林里的几
大树。它被称为帕提农神庙（Parthenon）——取
个名字正是为了纪念古希腊雅典娜女神。尽管它
是由大理石柱子和非常简单的屋顶组成，但它和
姬陵齐名，并且拥有同样多的爱慕者。许多人认
它是世界上最美丽的建筑。

2

3

这座建筑同样非常有名（**图 4**）。它位于巴黎附近一个叫沙特尔的法国城市，名字叫沙特尔圣母大教堂（Our Lady of Chartres）。教堂的其中一部分有将近 900 年的历史，比泰姬陵更古老，但又远非帕提农神庙那么古老。教堂由坚硬的石头制成，令人感觉不是那么亲切，但却能产生丰富多变的效果。在阳光明媚的日子里，天上云卷云舒，它看起来就像一艘在天空中航行的巨轮。而每到阴天，它会变得冰冷、灰暗，让人感觉有些可怕。沙特尔也被许多人认为是世界上最美丽的建筑。

4

这三座建筑在很多方面是相似的。它们都是敬奉神明的场所：泰姬陵是清真寺，帕提农是神庙，沙特尔是教堂。它们都是为了纪念一位女性而建造：泰姬陵供奉着皇帝年轻的妻子，帕提农神庙是为了纪念年轻的雅典娜女神，沙特尔教堂供奉着圣母玛利亚。同样，这三座建筑都非常美丽。

然而，在其他一些方面，它们又完全不一样。泰姬陵坐落在河边的花园中，水池倒映出它柔美的形态。帕提农神庙低矮却拥有强大的力量，像一位国王端坐于山顶王座之上。沙特尔教堂坚硬而锐利，塔尖直冲云霄，仿佛可以破开天际。早在你看到大教堂主体之前，你远远地就能看到它的两座高塔。

这些奇妙的建筑告诉我们许多关于美的事。首先，它们告诉我们美有很多种——美可以在柔软的、奶油色的建筑中，可以在低矮的、强壮的建筑中，当然也可以在尖锐的、高耸的建筑中。它们还告诉我们，所有美丽的建筑，不，事实上是所有美丽的东西，都能让人对它产生一种神奇的感觉。这种感觉是和谐。

当一座建筑的一切——它的形状，它的墙面，它的门窗——看起来都恰到好处的时候，它就达到了和谐。每一个元素都需要是彼此的完美伙伴。当每一个元素都与另一个完全匹配，以至于它们互相成为彼此的一部分时，这座建筑就成了一件艺术品。而设计这座建筑的人则是一位艺术家，并且常常会是一位非常伟大的艺术家。

我们将在之后介绍许多美丽的建筑来帮助我们更好地理解和谐。其中的一些你可能听说过，也许还亲眼看到过，或是即将要去看。还有一些则完全没有名气，你可能永远都不会去看。但无论著名与否，它们都拥有同一种魔力，这就是和谐的魔力。

5

第二章 旧石头

TWO Old Stones

这是巨石阵（Stonehenge，**图 5**）。没有人真正知道它有多么古老。一些科学家认为它有 3500 年的历史，还有一些则认为它更为久远。我们也许永远无法发现它的真实年龄，但有一件事是确定的——它是地球上最古老的由人类建造的构筑物之一。巨石阵坐落在索尔兹伯里平原（Salisbury Plain）上，离伦敦有几个小时的路程。清晨，当它慢慢地从薄雾中出现，显得是那么的独孤，久久萦绕在人心头。一时间，它仿佛是一位远古的哨兵，在平原上站岗。但当太阳驱散浓雾，这些巨石呈现出诡异的圆圈状排列。巨石阵可能是一个巨大的日历，一个观察太阳运行的地方，或者，也可能是一个户外庙宇，供奉一位已经被人遗忘的老者。这是一个非凡的、令人悲伤的、美丽的地方，但它无法提供庇护，因此它不是一座建筑。

巨石阵让我们想起了一个与之类似的构筑物（**图 6**）。巨石阵由一圈圈环绕的简单墙体组成，而我们将要说的是一道长长的墙，墙上有一条通长的沟渠。正如你所看到的，它并不简单。墙体由小石块构成，它们被一块接一块地往上垒，同时形成了坚固而修长的拱。这面墙被称为引水渠（aqueduct），在一些地方，它有 100 英尺高。它仿佛在一座城市及距它半英里之外的山川之间飞跃——这座城市坐落在像玉米松饼形状的圆丘之上。引水渠是罗马人在 2000 年前建造的，用来将水输送到塞戈维亚（Segovia）。即使在今天，它依然在为这座古老的西班牙城市带来水源。卡车轰隆隆地穿过拱门，向马德里驶去，但整座城市依然匍匐在这条古老的引水渠之前。

6

建造布鲁克林大桥（Brooklyn Bridge）花费了14年的时间。它于1883年完工，曾经是，现在仍然是一个世界奇迹。它连接了曼哈顿和布鲁克林，虽然后来又新建了另外两座大桥，但到目前为止它仍然是最美丽的。就像巨石阵和古罗马引水渠一样，布鲁克林大桥呈现了非常古老的关于美的观念。两座巨大的石塔支撑着大桥。它们是宏伟的。它们的形状来源于古埃及神庙和古老的法国教堂。每座塔的轮廓——先是从下至上缓缓地向内收分，然后在到达塔顶时向外突出——是埃及式的。而塔上的拱门以一个优雅的尖顶收头，这种做法在沙特尔圣母大教堂（Chartres）中那个更高的塔上也能看到（**图7**）。古埃及和法国关于美的观念截然不同，要把两者结合在一起并非易事。尽管如此，布鲁克林大桥的设计者们还是做得很好。绝大多数的桥梁都由混凝土和钢铁建造，向人们展示出工程的力量。但布鲁克林大桥与之不同，它向我们展现了那些伟大的古老建筑的样子。大桥设计者将电线和缆绳编织成网，挂在石塔上，悬吊起桥面上的车行道和人行道。胖胖的石塔让悬索看起来像丝一样纤细，而纤细的悬索则让石塔看起来比它们实际的更重。这场较量会永远持续下去，也使这座大桥成为一个永恒的奇迹。

7

最后是一座由石头建造的建筑，它同时也是一座桥，或者说桥就是建筑本身（**图 8**）。它是位于英国巴斯（Bath）的普尔特尼桥（Pulteney Bridge），建于 1774 年左右。所有者是一位名叫威廉·普尔特尼（William Pulteney）的绅士，为了支付建造费用，他要求设计师设计两排店铺，分列街道两侧。正是因为这两排店铺，当你从中走过时几乎无法意识到自己正在桥上。但从河岸上观望，你可以看到可爱的拱券正承载着这些商店横跨于水面之上。这座桥是温柔和安静的。它光滑的石头和精致的形态用柔和的声音互相交谈。这些声音——几乎是耳语——把普尔特尼桥变成了一首短诗。

8

9

西班牙的这座石桥也是建筑的一部分（**图 9**）。它位于一个叫隆达（Ronda）的山城，桥下有一座300 年历史的监狱。你可以在中间拱门的正上方看到监狱的窗户。人们很容易将巴斯的桥想象成一首诗，但隆达的这座桥——名为新桥（Puente Nuevo）——是非常不同的。它是一首战斗之歌，巨大的拱门跨越了深深的峡谷。关于它的一切都是厚实而坚固的。它看起来，实际上也确实是，很强壮，足以承载那些穿越西班牙的最重型的卡车。

所以我们可以看到，用同样的材料建造的两个结构，即使功能一样——无论是桥梁还是建筑——却可以拥有完全不同的个性。有些很温柔，有些则很有力量。有些时候，就像布鲁克林大桥一样，它们可以既温柔又有力量。但无论它们的个性如何，当它们的各个部分彼此和谐时，它们都是美丽的。

第三章

厚墙与薄墙

THREE

Thick Walls and Thin Walls

墙可以由很多种材料建造。墙的材料赋予了一座建筑个性和情绪，并在一定程度上决定了我们对它的感受。

这座建筑被称为熨斗大厦（Flatiron Building，**图 10**）。它是曼哈顿地区的著名建筑，建于 20 世纪初。它共有 20 层，曾经是世界上最高的建筑之一，因此，它的墙壁必须足够坚固才能支撑起它巨大的重量。当然，石头很结实，并且“看起来”很结实——这一点对于建筑师选择石头作为建筑材料非常重要。如你所见，熨斗大厦非常狭长。它的形状像一个薄薄的楔子，而你的曾曾祖母可能会说它的形状像一个熨斗。它是如此的狭长，以至于它的两条长边几乎交汇在了一个点上。在人们还没有习惯高楼的日子里，矗立在一片狭长土地上的高高的建筑看起来似乎是脆弱且不安全的。但熨斗大厦看起来并不脆弱，反而很坚固，因为它石灰石砌块的表面有很深的雕刻。有深度的、规则的雕刻告诉人们，这些石块很厚，而厚厚的墙壁则意味着一座坚固的建筑。

位于罗得岛州（Rhode Island）波塔基特（Pawtucket）的威尔金森棉纺厂（Wilkinson Cotton Mill）建于1810年（**图11**）。建筑很小，但看起来很坚固。之所以形成这样坚固的外观，是因为它的墙壁采用了简单的建造方式。石板片只是被粗糙地层层堆叠，没有雕刻，石头天然的面貌被展现出来。漂亮的材料和简洁的设计赋予威尔金森较之很多复杂的建筑更多的尊严感。威尔金森棉纺厂右边的黄色建筑是斯莱特工厂（Slater Mill）。它建于1793年，是美国第一家棉纺厂。

11

12

另外，还有一座石墙建筑（**图 12**）。它是旧红堡（the old Red Fort）的一个仓库，距离泰姬陵（**图 2**）只有几英里。它的墙壁似乎比我们见过的其他墙壁薄得多。虽然它们真的很重，但看起来却很轻，因为所采用的石头很光滑，并且墙壁很平整。

13

图片中的建筑，是位于美国华盛顿特区的国家艺术馆东馆（East Building of the National Gallery of Art，**图 13**），几乎每一位来到华盛顿的游客都是来看它的。它的粉灰色大理石墙壁光滑而完美。有时候，东馆看起来像金字塔一样坚固；而在其他时候，它看起来又像是一些包裹在精致大理石表皮下的尖角。

石墙被粉刷之后会发生令人惊讶的变化。这个位于缅因州（Maine）海岸佩马奎德（Pemaquid）的古老灯塔（**图 14**），经常会悄无声息地消失在天空中。当光线变成银色时，它就销声匿迹了。

14

粗糙的石头混入稻草制成的灰浆，可以让墙壁看起来像是土地的一部分。这些房子位于尼泊尔昆德（Khunde，Nepal），距离珠穆朗玛峰（Mount Everest）只有几英里（**图 15**）。它们闲适地坐在世界屋脊之上，正如伟大的喜马拉雅山脉本身一样。当材料稀缺时，比如在高山上或岛屿上，它们会被精心地使用，而其结果往往是得到了最好的、最和谐的建筑。

15

16

石墙坚硬又坚固，但在石匠的工具面前它们也不得不屈服。石头的雕刻可以简单如柱子和拱门，也可以复杂如英国最伟大的教堂约克大教堂（York Minster）的立面（**图 16**）。虽然它既神秘又有力量，但它的雕刻像蕾丝花边一样精美。在约克大教堂，秩序和动人同样重要。立面的精美雕刻和强有力的造型相得益彰。造型使雕刻看起来更精细，而精细的雕刻反过来使造型看起来更有力。这就像我们在布鲁克林大桥上看到的反差游戏一样（**图 7**）。

位于波士顿的约翰·汉考克大厦（John Hancock Tower）是一座奇妙的玻璃建筑（**图 17**）。它坐落在一个古老广场的边缘，旁边是一座石头教堂（**图 55**）。尽管教堂短小精悍，但在这座摩天大楼的衬托下，它显得更加矮小，因此人们几乎不会注意到它。汉考克大厦的建筑师深知这一点，因此他在设计大楼时，希望随着人们的移动，所看到的大楼形态也发生变化。从波士顿的一些地方看，它显得很瘦；而从其他地方看，它就像一块厚厚的、在边缘处有转角的蓝色冰块。从其他角度看，它是由一根银色线条连接在一起的两个水晶塔；但在教堂旁边，它逐渐变薄，变成一堵安静的蓝色墙面，将天空拉向了这个古老的广场。石头教堂在这里沉睡着，像一个年迈的和尚蜷缩在自己的长袍里。

17

金属墙面有时使我们联想到玻璃。这是纽约市的花旗集团中心（Citicorp Center，**图 18**）。它的大部分表面被一层铝板包裹，看起来就像紫罗兰色夜晚下的一块银条。然而，当天空变成黄色和银白色的时候，这栋 59 层高的大厦又仿佛安静地消逝在天空之中。

这座建筑由金属和玻璃打造，但看起来却像是石头制成的（**图 19**）。它是位于曼哈顿下百老汇地区的沃特大厦（Haughwout Building），由铸铁组装而成。19 世纪，纽约的铸造工厂用铸铁来制造建筑物的部件——柱子和拱门。这些部件比石头便宜，但看起来与石头非常相像，以至于只有用一块磁铁才能把它们区分开。这些部件可以组装在一起，建造出漂亮的建筑，就像用新英格兰最好的花岗石打造出来的一样。一排排的柱子，一层又一层地摞起来，还有像士兵一样整齐列队的拱门，让铸铁建筑显得非常宏伟。虽然实际上，大多数铸铁建筑都是工厂、仓库和商店。

18

19

拱门的影子投射在玻璃上，赋予这些建筑一种节奏——像是顺着墙壁规律地溅起了一滴滴黑色的水花。尽管你可能从未听说过沃特大厦，但你肯定见过，至少在图片上，这座世界上最著名的铸铁建筑——美国国会大厦（the United States Capitol）130英尺高的穹顶（**图 20**）。它设计于1855年，与大多数铸铁建筑相比，在建造时使用了更多的铸铁。

灰泥是另外一种漂亮且用途广泛的墙体材料。它可以使建筑看起来像玻璃一样细腻、坚硬和光滑，也可以像从自然中生长出来的物体一样柔软。卡塞雷斯小镇（Casares，**图 21**）位于西班牙南部，距离非洲海岸只有几英里。沿着小镇里的狭窄街道，你几乎可以闻到那片大陆的气息。卡塞雷斯光滑的抹灰建筑具有西班牙南部的独特风格，它们组成了地球上最引人注目的风景之一。它们清晰、简单的形状以及纯粹的颜色是永恒的。

20

21

22

当一层又一层的灰泥被添加到建筑中时，它的线条可能会消失，然后一种新的、柔软的形状就会出现。厚厚的抹灰可以把方角变成圆角，把直墙变成流畅的、优美的形状。经过长年的层层叠加，这座建筑看起来几乎就像是从土地里长出来的。位于美国新墨西哥州北部陶斯牧场（Ranchos de Taos）的圣方济各教堂（Church of San Francisco de Asis，**图 22**），像美国西南地区的大多数老建筑一样，是用在阳光下晒干的土坯砖建造的——而不是用窑里烧出来的砖。砖上涂了一层泥，这层泥更像黏土而不是粉灰。我们现在看到的是这座西班牙传教教堂的后殿。虽然它很低矮，但它的后殿和部分侧墙由被称为扶壁的支撑物固定。两百多年来的层层抹灰已经把扶壁和墙面变成了一个单一的形状，它看起来就像从沙漠中长出后又被风侵蚀而成。

意大利古城佛罗伦萨（Florence）的育婴院也是刷上了灰泥（**图 23**）。它的庭院是 1419 年由菲利波·伯鲁乃列斯基（Filippo Brunelleschi）设计的，让人联想到古罗马壮观的柱列和拱券。虽然庭院看上去并不是真正的罗马风格，但它宁静、有序的设计仍像 600 年前的设计一样清新。它的精致——它纯粹、简洁的形式——来自于细长的柱列和拱门，它们与周边的抹灰建筑相互映衬。

23

灰泥也同样可以雕刻。这是位于西班牙格拉纳达（Granada）一个伟大的宫殿的双拱门（**图 24**）。这座宫殿被称为阿尔罕布拉宫（Alhambra），由摩尔人（the Moors）在大约700年前建造，此时他们在西班牙的日子已经接近尾声。《一千零一夜》正是诞生于此。阿尔罕布拉宫是一个拥有波斯花园、水池、喷泉、庭院和宫殿的童话般美丽的地方。它的美丽大部分来自于覆盖在墙壁和顶棚表面的雕花抹灰。它如此精致，如此复杂，没有其他东西能与之匹敌。抹灰使阿尔罕布拉成为世界上的又一个奇迹。

24

25

混凝土是人造石——它不像大理石或花岗石那样是天然的——它拥有自己的个性，但有时候它也可以看起来很像天然石。混凝土可以被浇铸成大块的石板，用作像蒙特利尔（Montreal）67 号栖息地（Habitat 67）这样的建筑物的墙壁（**图 25**）。67 号栖息地是大量混凝土公寓组成的巨构建筑物，向人们展现了混凝土强大的力量。

26

美国环球航空公司（The Trans World Airlines）在纽约的肯尼迪国际机场（John F. Kennedy International Airport，**图 26**）向我们讲述了关于混凝土的其他故事。它告诉我们，混凝土可以创造柔软的、流动的形状。航站楼的设计者一定很喜欢空中旅行，因为他为我们设计了一座看起来就像在空中飞行的建筑。它的屋顶被向天空伸展的柱子撑起，室内高耸入云。当我们进入它时，甚至感觉飞行已经开始了。大多数航站楼是起飞前陆地上的最后一站；而这座建筑，是我们迈向天空的第一步。

空间是建筑内部的一部分。你摸不到它，但你知道它就在那里。67 号栖息地和肯尼迪机场航站楼告诉我们的不仅仅是有关混凝土的信息，它们也向我们展现了空间的概念。在 67 号栖息地，坚固、笔直的墙壁紧紧包裹着空间。在大多数建筑中都是如此。然而，在航站楼里，空间似乎是流动的：它飞进来，呼啸着，不一会儿又冲向天空。空间在各个角落追逐奔跑，从未停歇。

砖是另一种建造墙面的绝佳材料。因为它是由黏土制成的，所以它带有那些来自土地的天然面貌，同时又因为砖很小，所以它们可以用来建造各种奇妙的形状。这是位于美国缅因州路易斯顿（Lewiston, Maine）大陆工厂（the Continental Mill）的巨大八边形钟楼（**图 27**）。这是这个有着一百多年历史的棉纺厂的一角。砖块强化了钟楼笔直的线条，也赋予工厂沉稳、坚实的外观。

27

这排建筑位于波士顿著名的路易斯堡广场（Louisburg Square）一侧（**图 28**），砖块顺着起伏的表面摇摆。

并非所有的砖房都是红色的。有些像涂了漆的木头一样活泼和明亮。哈佛大学阿瑟·萨克勒博物馆（the Arthur M. Sackler Museum，**图 29**），利用分层的色彩来吸引人们的注意。

28

29

30

很显然，这座建筑是用木头建造的（**图 30**）。它是位于美国缅因州托普舍姆（Topsham）的佩杰普斯科造纸厂（Pejepscot Paper Mill）的一部分，墙壁是漆过的护墙板。这些建筑是渔民们的棚屋（**图 31**），位于缅因州海岸 10 英里外的蒙西根岛上（Monhegan Island），表面覆盖着雪松木瓦。最后的这座建筑位于加利福尼亚州（California）北部海岸的海洋牧场（Sea Ranch，**图 32**），表面覆盖着红木板，终年日晒和海水冲刷让它变成了黑色。自然、轻松——所有这些建筑都非常相似。它们的风格非常简单，人们在美国各地都能看到。这是一种源自同样历史、土地和生活方式的风格。无论是由著名建筑师设计或是直接出自优秀工匠之手，这些建筑的平直线条、屋顶形状和木制墙壁，都赋予了它们一种诚实与自豪的气质。

31

32

33

并非所有木建筑都如此简单。位于美国佛蒙特州罗金厄姆（Rockingham，Vermont）的会议厅（Meeting House，**图 33**），建于 1787 年，巨大、华丽并且非常严肃。它与自然、轻松毫无关联——它看起来如此坚固，足以与新英格兰的岩石山峰一较高下。这座会议厅就像建造它的人所拥有的信仰一样，骄傲、醒目地矗立在森林之中。

这是一个迷人的木建筑（**图 34**）——德比避暑别墅（Derby Summer House），在热天可以让人待上几个小时。它是 1793 年为一位绅士的花园设计的，绅士名叫伊莱亚斯·哈斯克特·德比（Elias Hasket Derby），住在美国马萨诸塞州的皮博迪（Peabody，Massachusetts）。正如你从这座小建筑中可以看到的，一个非常优秀的建筑师可以从建筑中创造诗歌，就像一个作家从文字中创造诗歌一样。

34

4

光线与色彩

FOUR

Light and Color

对于建筑来说，颜色几乎和材料一样重要。这面墙壁应该是什么颜色？在思考这个问题之前，我们必须记住，光线给建筑带来色彩，当光线变化时，颜色也会随之改变。

这些建筑位于美国缅因州夏克村（Shaker Village，**图 35**）。在深冬下午，它们看起来是温暖和奶油色的，但在 12 月，投在建筑上的阴影让它们看起来阴森恐怖（**图 36**）。

几米之遥的另一座建筑，在一个雾蒙蒙的早晨，渐渐从地面上消失（**图 37**）。

强烈的阳光经常使它触碰到的东西褪色。在炎热的天气里，美国国会大厦（the United States Capitol）和国家美术馆东馆（East Building of the National Gallery of Art）只剩下了空白的形状（**图 13**）。

这是缅因州东希布伦（East Hebron）的浸信会教堂（Baptist Church，**图 38**）。它在中午时分是耀眼的白色，而在日落时又变成了乳黄色。

36

37

38

在雨中，原本金色的英格兰韦尔斯大教堂（Wells Cathedral）变成了蓝色和绿色（**图 39**）。

39

这些建筑都是纯白色的，但它们经常看起来还有其他颜色。这完全取决于天气、时间和季节。变化的光线会改变颜色。当太阳低垂时，缅因州布里斯托尔（Bristol）的这个旧谷仓比整个印度最红的建筑还要红（**图 40**）；但如果天色灰暗，它就变成了一个沉闷和令人悲伤的地方。这个位于英格兰牛津（Oxford）的住宅，在沉闷的早晨是浅色的（**图 41**）；然而，在阳光明媚的日子，在石头砌成的大学城中，它鲑鱼色的门和粉红色的墙壁看起来有一些奇怪。

40

41

缅因州东希布伦（East Hebron）的老庄园（the old Grange Hall）就在浸信会教堂（Baptist Church）的马路对面（**图 42**）。建筑上的油漆很久以前就已经随着时间褪去。尽管如此，原始木材的颜色在这个孤独的地方看起来依旧壮观。它在东希伯伦是如此的自然和令人舒适，就像在珠穆朗玛峰山谷里的石头建筑一样。

有时，一种颜色已经在一个地方使用了几百年——想想卡塞雷斯（Casares）清新的白色（**图 21**）。有时，一种颜色已经在某种建筑上存在了很长时间——比如那些古老的新英格兰会议厅上的白色（**图 33**）。这些颜色已经成为传统，它们是地方精神的一部分，换其他任何一种颜色都不行。

42

第五章

路径

FIVE

Pathways

窗户是通向建筑灵魂的通道（**图 43**）。有些窗户将建筑向世界敞开，有些窗户则把建筑与世隔绝。墙壁赋予建筑特色，而窗户则赋予建筑韵律和个性。它们常常决定了我们是否会喜欢这个建筑。

44

这是印度斋浦尔（Jaipur）的风之宫（Palace of Winds，**图 44**）。它是一座古老的建筑，位于一个看上去是粉红色和红色的古老城市里。在它那美丽的立面上，窗户比墙面还多。一层又一层的窗户把宫殿变成了一个巨大的婚礼蛋糕。虽然建筑体量很大，但一个个带有窗户的精致“盒子”赋予它令人愉悦的面貌。

在英国城市巴斯（Bath），沿着国王米德广场（King's Mead Square）的一侧矗立着这排建筑（**图 45**）。它几乎有 300 年的历史，和风之宫一样古老。巴斯是由几组建筑群组成的。有些建筑群组合成了方形区域，有些组合成了半月或新月形区域（**图 81**），还有一组实际上形成了一个圆。国王米德广场上的这排建筑平静而庄严，平淡而不沉闷。因为在它的立面上，窗户和墙面占据了一样大的空间，我们可以看到这些形状所形成的模式——先是暗，然后亮，继而又暗。从黑暗到光明的变化就像缓慢而稳定的音乐一样。

45

房间里移动的光是我们能看到的音乐。这是一座使用玻璃多于木材的房子（**图 46**）。因为它的整面墙都是窗户，所以不止光线能穿过房间，天空和暴风雪，鸟儿和浮动的月亮，也都进入了室内。

46

47

古老的格拉纳达摩尔人浴场（Moorish Baths of Granada） 是私人场所（**图 47**），与户外隔绝。屋顶高处有八角形小窗，让点点光线照进巨大的石厅里。这种窗户在附近的阿尔罕布拉宫（Alhambra，**图 48**）也出现了。它们装饰有穿孔石头制成的屏风。透过屏风的光线在耀眼的抹灰上画出了图案，像聚光灯一样。大多数窗户都是为房间增添动感，但这些窗户则增加了戏剧性。在这个大厅里，每个晴天都会有美轮美奂的光影表演。

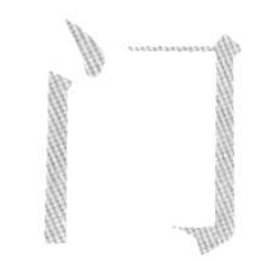

第六章

门 SIX Doorways

门，像窗户一样，为一座建筑增添个性。

从 1818 年开始，位于缅因州哥伦比亚福尔斯（Columbia Falls）的拉格斯住宅（Ruggles House）的大门就一直通向小镇的主要街道（**图 49**）。它的门廊向外延伸，为游客提供庇护。在门打开之前，门边缘的细长窗户让人们可以快速看到房子里的情况。这道门是这一面普通白墙上的一抹欢乐。在格拉斯住宅建成一年后，新罕布什尔州朴茨茅斯（Portsmouth，New Hampshire）的一些市民为自己建了一座私人图书馆。他们称之为朴茨茅斯神殿（Portsmouth Athenaeum，**图 50**）。直到今天它仍然是一个私人图书馆。这座建筑拥有一个精心设计过的精致的正立面，入口两侧的立柱和青铜牌匾使它看起来相当宏伟。如果我们看看它的大门，再回头看看拉格斯住宅的大门，就会发现它们看起来很相像。然而，其中一座建筑给我们的感觉比另一座更温暖。一部分原因是木头看起来比砖温暖，但更主要的还是归咎于拉格斯住宅的门廊。如果没有门廊，即使是“神殿”也无法越过它的围墙为人提供庇护。

50

这是西班牙最古老的犹太教堂（El Tránsito）之一的入口（**图 51**）。虽然它很漂亮，但它并没有告诉我们太多关于它所通向的祷告和研习空间的信息。许多南欧建筑都隐藏在大门之后。朴素的入口有时隐藏了背后的喷泉、花园和精美的墙壁。但是，和这个犹太教堂一样，它们可能也会隐藏一些简单而严肃的房间，以鼓励安静的思考。

51

这个大门位于英格兰斯托小镇（Stow-on-the-Wold，**图 52**）。它和它周围的墙壁几乎与古老的犹太教堂一样平淡无奇。然而，大门表面的一层红漆却暗示了一个不同的世界。红色的油漆告诉了我们，门后藏着什么——一支消防队。

这些优雅的门已经在西班牙萨拉曼卡的新大教堂（New Cathedral at Salamanca）门口存在了四百多年（**图 53**）。它们充分展现了这座建筑是欧洲最宁静和可爱的教堂之一。法国山上的孔克修道院（Conques）的大门甚至更为古老（**图 54**）。大约 1000 年前，法国朝圣者前往西班牙圣詹姆斯墓的途中曾在此驻足。他们的旅途既累人又危险。除了提供休息的场所，孔克修道院还在拱门上刻了严肃的信息——在我们的一生中，地狱之火或天堂之荣耀皆由自己来选，它说，请做出明智的选择。

52

53

这是孔克修道院多代之后的子孙（**图 55**），位于波士顿约翰·汉考克大厦（John Hancock Tower，**图 17**）旁边的三一教堂（Trinity Church）。它坚实的形状和圆形拱门看起来与古老的法国修道院非常相像，但令人产生的感觉却不尽相同。它的石头门廊向外伸展，吸引人进入。对于波士顿人来说，它并没有传递什么严肃的信息。

我们所看到的每一个大门都有助于形成建筑的个性。有些大门让宏伟更宏伟，有些大门将建筑与世界拉开了距离，还有一些大门给我们带来了欢乐。

54

55

第七章

向上看

SEVEN 7 Looking Up

你会看建筑物的屋顶吗？你应该看一下，因为那是建筑物与天空相连的地方。屋顶可能会像摩天大楼一样悄无声息地滑入天空（**图 18**），也可能像沙特尔大教堂（Chartres）那样切入天空（**图 4**），甚至似乎会把天空推到一边。这是罗马圣彼得大教堂（St. Peter's）的穹顶（**图 56**），它是世界上最宏伟的景观之一。它由米开朗基罗在 1546 年设计，看起来像一个国王坐在那里俯视着这座古老的城市。它是如此之大，以至于除了它下面的教堂之外，有了自己的生命。教堂面对着一个被称为广场的大庭院。圣彼得广场（Piazza of St. Peter's）（**图 57**）的形状像一个椭圆——一个不太圆的圆形，就仿佛两只巨大的手拉扯着一个曾经是正圆形的广场，把它拉得更长更窄。广场的椭圆形使它上面的圆形穹顶显得非常坚固。这两种形式之间的拉锯战将永远持续下去，这是艺术上最伟大的戏剧之一。

要想看到屋顶，我们通常得向上看。然而，偶尔我们也可以俯视屋顶。这是意大利蔚为壮观的比萨大教堂（Cathedral of Pisa），有着近千年历史的屋顶（**图 58**）。如果你爬上它的钟楼，也就是比萨斜塔（Leaning Tower of Pisa），你就会看到一个歪歪扭扭的世界。屋顶长斜坡上的铅板和下面的半圆形构成了一种漂亮形状的图案。

57

58

59

这是另一个穹顶（**图 59**），它坐落在佛罗伦萨错综复杂街道中央的一座大教堂上。你突然看到它，就像在林间小路看到一座山一样，山似乎会一直跟随着你。从那时起，无论你在城市的哪个地方，总会感觉它离你很近。六百年后，它仍然是一项伟大的建筑成就。

虽然，它比米开朗基罗的穹顶（**图 56**）小一点，但它却要古老一百多年，而且更加美丽。长长的肋拱和精致的圆屋顶将它切割成八个楔形，向上拉起，用白色的蝴蝶结轻轻地系住。它结合了力量与优雅，是伟大建筑师菲利波·伯鲁乃列斯基（Filippo Brunelleschi）的最高成就。

第八章

旧骨架与新骨架

EIGHT

Old Bones and New Bones

支撑一幢房子的横梁和柱子甚至能够赋予它独有的个性。这个石构谷仓位于英国拉科克（Lacock）小镇（**图 60**），它可能有五百年的历史了，谷仓灰白色的部分仿佛是一个古老的海洋动物的骨头。

这个钢构桁架支撑着华盛顿国家美术馆东馆的玻璃屋顶（**图 61**），钢桁架与建筑外墙修长而清晰的线条形成了视觉上的对比（**图 13**），这种对比提醒我们：一座建筑的内涵远不止人们第一眼看到的景象。国家美术馆东馆具有平静的外立面，但是建筑内在却具有类似这样一种充满动感的空间。

61

900年来厚重的石柱支撑着这幢建筑（**图62**），这是位于英格兰达勒姆郡的达勒姆大教堂（Durham Cathedral）。教堂像一个强壮的士兵一样高高耸立在河岸上。粗犷的达勒姆大教堂是一座貌似城堡的教堂，它粗壮的框架上刻着一排排的短线装饰，如同建筑厚重的墙体一样形式简单。达勒姆大教堂和国家美术馆东馆一样并不令人惊奇，这些建筑物是永恒守护在场所中的强大形态。

白色石头和红砖组成了扇形的拱门（**图63**）。红白相间的拱门颜色变化得非常快，使得拱门看上去在滚动。正如人们所见，拱门的结构与达勒姆大教堂的石柱是不同的（**图62**），支撑着西班牙科尔多瓦大清真寺（Great Mosque at Córdoba）的拱门像马蹄铁一样在从左到右滚动，在清真寺内好像一片颠倒的波浪。从达勒姆大教堂穿梭而过，让人感到稳重和安静，而穿行经过科尔多瓦大清真寺则好像经历了一千次爆炸。

62

63

HANC PETRAM

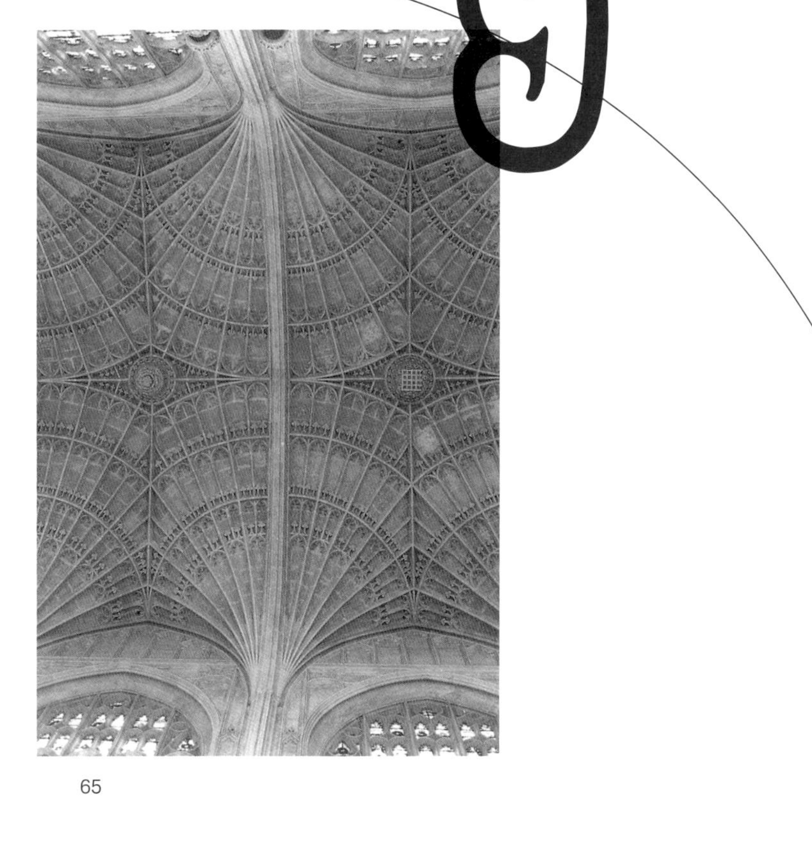

65

第九章

室内天空

NINE Indoor Skies

一个房间就像一个小世界，天花板就是它的天空。我们正在看圣彼得大教堂，米开朗基罗设计的穹顶（**图 64**）。这是一个巨大的室内天堂，空间和光线在里面旋转。美丽的拱顶天花板（**图 65**）使得国王学院礼拜堂（King's College Chapel）成为剑桥大学（Cambridge University）最精致的建筑之一。这种被称为扇形拱顶的天花板，是英国最著名的国王亨利八世（Henry VIII）赠送的礼物，是一个把石头变成巨大雪花的奇迹。

这是古罗马（Rome）万神庙（Pantheon）的穹顶内部（**图 66**，**图 87**）。嵌在里面的方形嵌板被称为凹格，曾覆盖着黄金。穹顶是由混凝土浇筑而成的，在它的中心是一个圆洞，拉丁语意为“眼睛”，每天柔和的漫射光从圆洞射进来，照亮空阔的内部。

佛罗伦萨古罗马万神庙的穹顶内部（**图 67**）。嵌在里面的方形嵌板被称为凹格，曾覆盖着黄金。穹顶是由混凝土浇筑而成的，在它的中心是一个圆洞，拉丁语意为“眼睛”，每天柔和的漫射光从圆洞射进来，照亮空阔的内部。

67

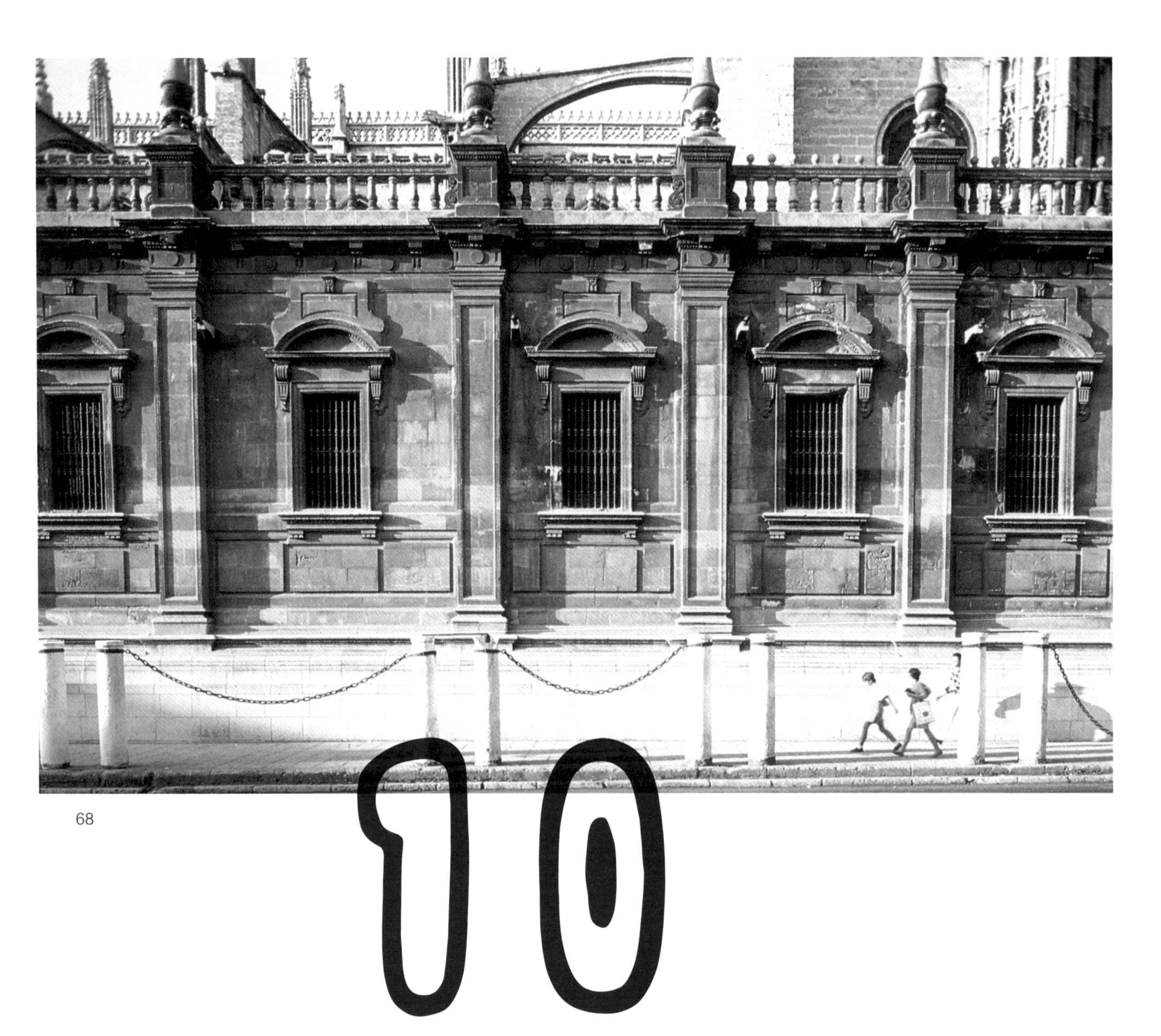

10

装饰物

TEN

Ornaments

围栏的作用是保护不动产，但它们也起到装饰作用。有些围栏把人的注意力引向它所围护的建筑物上。在拉格尔斯之家（**图 49**），围栏将人的视线引向它后面的白色房子上。塞维利亚（Seville）大教堂侧面的围栏几乎没有围栏的功能（**图 68**），而是在巨大的教堂外缘用线条点缀教堂立面上一些美妙造型的借口。图中围栏将牛津大学的谢尔登剧院（Sheldonian Theatre）和公共街道分隔开来（**图 69**），但是并不影响人们欣赏由英国最著名的建筑师克里斯托弗·雷恩爵士（Sir Christopher Wren）设计的令人着迷的房子，围栏柱子上方那些怒视行人的人脸雕塑属于一个友善的玩笑。

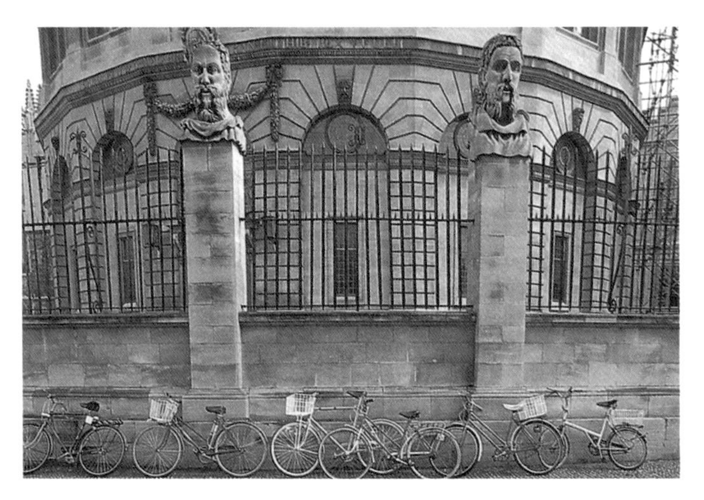

69

这个围栏造型严肃（**图 70**），成了一堵隔离视线的墙壁。因为围栏把内外空间隔离开，人们需要踮起脚尖才能看到围栏之内的房顶和明快的雕塑。这个围栏形成了英国巴斯小镇的古罗马浴场的边界。

70

这不是一个腹部被切开的建筑（**图 71**）。图中是一幅巨大的油画，画在波士顿建筑中心（Boston Architectural Center）一面空白的墙上。这是一副很有趣的装饰艺术。这座建筑有三个生动的立面，第四个立面之前是空白的。在空白立面上画出另一栋建筑的剖面是一种有趣的邻里活动。

这座建筑上的绘画是由玻璃碎片和大理石拼成的马赛克图案，是立面设计的重要部分（**图 72**）。这是意大利奥维托（Orvieto）大教堂的正立面。纤细的形状、雕像、大理石装饰和浅浮雕，教堂大胆的设计风格在立面三角形平面上设计了绘画。因为正立面过于丰富，所以上面的绘画既不抢眼，也不失风度。它们构成了世界上最欢快的一个立面的一部分。

71

72

第十一章

第一印象

ELEVEN

First Impressions

第一印象非常重要。人们常常通过第一眼的印象去判断一栋房子。建筑物周围的环境和水体也是营造第一印象的一部分。圣乔治·马乔雷教堂（The Church of St.George Major）坐落在一个小岛的边缘，好似一片苍白的环礁湖上的焦点（**图 73**）。教堂看起来像是一片由从海平面耸起的拱顶和大理石钟楼组成的海市蜃楼。当然，这些不是海市蜃楼，而是世间实相。这座教堂在四百多年前由安德烈·帕拉第奥（Andrea Palladio）设计建成，但是它从环礁湖升起的幻景从未消失。圣乔治·马乔雷教堂永远是给人留下第一印象的地方。

亚利桑那州钦利（Chinle）附近的绮丽峡谷国家遗址（Canyon de Chelly National Monument）的崖居建筑羚羊屋遗址坐落在狭窄的砂岩平台上（**图 74**）。房子身后是一座陡峭的崖壁。崖壁异常高耸，有一千英尺或更高，以至于崖壁在狭窄的峡谷中遮挡了视线可及的天空而成了一片新的天空：红黄色的岩石表面成为一片平坦平原后方布满皱纹和暴风雨的天空。700 多年前，这片孤独、令人难以忘怀的废墟被北美土著印第安人所遗弃，此处遗址是散布在新墨西哥州、科罗拉多州和亚利桑那州部分地区的几十处遗址之一。这类崖居建筑是美国建筑形式中最奇妙也是最不受欣赏的类型之一。对于那些参观遗迹的人们来说，一个由巨大褶皱崖壁形成天空的幻觉会形成持久的记忆。

所以我们看到一小块土地——一个小岛或者一座陡峭的崖壁——是我们对一座建筑第一印象的一部分。锡耶纳的坎波广场是举世闻名的广场之一（**图 75**）。广场形状好似一个巨型贝壳，古老的宫殿坐落在贝壳弧形边缘上。第一次漫游经过这些沿着漫长的红色弧线而生长出的广场和建筑物的印象是深刻难忘的。

74

人们需要走过一条小石子铺成的人行道才能第一次看到格拉纳达（Granada）的皇家礼拜堂（Royal Chapel）。灰色、白色和黑色的小石子拼贴出费迪南德国王（King Ferdinand）和伊莎贝拉王后（Queen Isabella）的盾形纹章，而他们的坟墓就在礼拜堂中。这条步道告诉人们他们即将来到一个安静的悼念之地，那就是西班牙最著名的两位公民的安息之所。

75

76

第十二章

形状

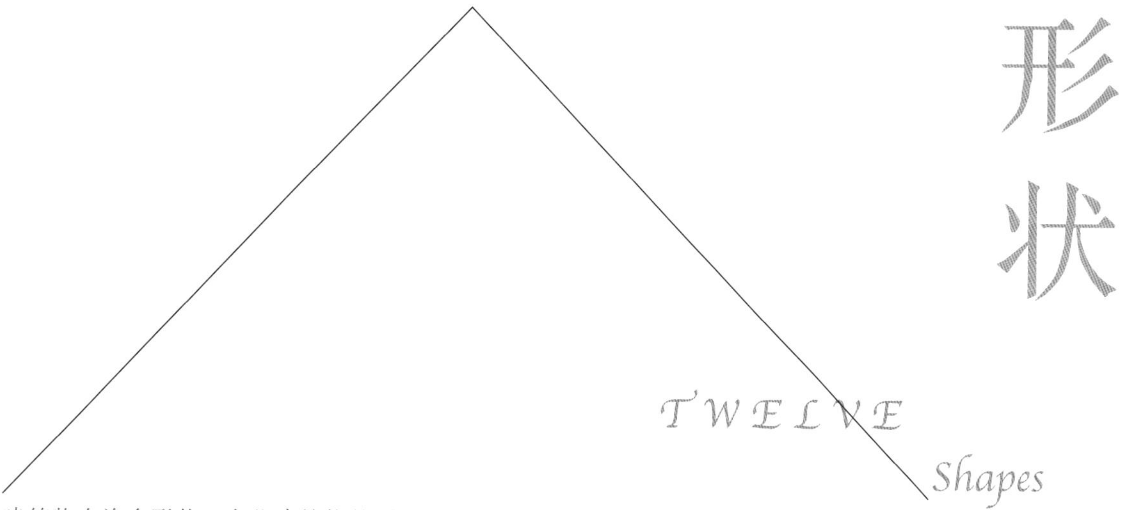

TWELVE

Shapes

建筑物有许多形状。有些建筑物的形状就是根据他们的功能而设计的，例如一座灯塔（**图 14**）或者风车（**图 77**）。灯塔建筑之所以又高又瘦，是因为这种形状有助于把灯标立于高空。因此，世界各地的灯塔建筑形状相似。风车建筑也是这个道理。这些石头风车坐落在西班牙中部的一个山脊上，这个地方名叫孔苏埃格拉（Consuegra）小镇。一百八十五年前，这里的人用风车把小麦磨成面粉。风车是用圆墙建造而成的，如此建筑上巨大的如同翅膀一样的轮叶就可以在风中自由选装，并收集风能来转动砂轮。它们是用圆墙建造的，这样它们看起来像翅膀的巨大叶片就可以在风中自由摆动，并收集能量来转动磨轮。

这些位于芝加哥的办公楼建筑的外形也反映了它们的功能（**图 78**）。因为办公室实际上是很小的格子间，办公楼建筑把格子间一层一层叠放组合在一起，所以整个办公楼的形状也是方盒子。但是这几栋办公楼是美国最特别的三个方盒子，它们被称为联邦中心（Federal Center），是由最著名的现代主义建筑大师之一的路德维希·密斯·凡·德·罗（Ludwig Mies van der Rohe）设计的。这些办公楼一开始看起来很朴素。它们没有绘画也没有雕塑的装饰，并被漆成黑色，但是窗户的线条和屋内的灯光框架所形成的图案让人们联想到了直线、长平面和精心构思的比例的美感。因为建筑上没有装饰来分散人们的注意力，所以朴素、清晰的建筑必须在各个方面都是完美的，否则人们很快就会注意到它们的缺陷。在城市里，很少有如此简明而完美的高层建筑。

78

这座建筑看起来像是一个好玩的地方（**图 79**）。但这不是一个游乐园，而是为还在王子时期的英国国王乔治四世准备的度假别墅。布莱顿英皇阁（Brighton Pavilion）由想象中的印度圆顶、波斯塔楼和中国屋顶等建筑语言杂糅而成，目的是为了房子的主人在海边消夏使用。

有些建筑的形状符合功能，并非为了体现功能，而是体现了房屋建造者的精神态度。拉格尔斯之家（**图 49**）和罗金汉姆会堂（**图 33**）并不是为了消夏而建。这两座房子墙面朴素，线条严谨。它们是在严峻的时代为严肃的生活而建造的，它们的建筑形式体现了这种精神。

这座建筑是一座宫殿，并且和大多数宫殿建筑一样，它的设计令人印象深刻（**图 80**）。这座宫殿由费迪南德和伊莎贝拉的孙子建在格拉纳达，建筑的外墙形成了一个巨大的石头广场，像一个堡垒。人们进入大楼后不久，没有看到大厅和会议厅，而是步入一个庭院，一个巨大的圆形空间恰好位于宫殿的中心。从几面阴冷的石墙突然过渡到一个圆形的、光线充足的空间的体验仿佛一出宏大的戏剧。

79

这是世界上最美好的景观之一（**图 81**），是游客在英国巴斯第一次看到皇家新月（Royal Crescent）的视角。人们沿着一条漫长的曲线游览，这座建筑是建筑学上的一项伟大成就。建造在厚重的基座上的柱廊、窗户的线条和轻巧的顶部栏杆，共同形成了一种秩序和优雅并存的构图，构成了皇家新月庄严而美好的理想建筑形态。

80

81

位于意大利比萨的白色大理石洗礼堂（**图 82**）和位于尼泊尔加德满都山谷（Katmandu Valley）的菩提那佛塔（Bodhinath Stupa）（**图 83**）代表了其他类型的建筑美学。这些建筑不是平静而克制的，而是富含充满活力的元素。比萨洗礼堂的年龄与比萨斜塔相差无多，约有七百年的历史，且相距只有几码远。洗礼堂的短弧线让人们的视线迅速地从圆墙上移到圆顶上，然后又下移视线。佛塔（窣堵坡）建筑是由许多奇妙的形状组成的。随着从底部到顶部的升高，佛塔每一层的形式也在变化。这些变化让人们目不暇接，并且感到建筑从未静止。洗礼堂和佛塔的设计者没有因为他们碰巧喜欢充满活力的建筑形式而选择设计这些形式。他们的设计灵感来自于传统筛选留下的形式。一些传统的设计形式是如此的完美，以至于它们可以顺其自然地从一个世纪延续到另一个世纪。

82

83

古希腊的帕提农神庙（**图 84**，**图 3**），立面是一排希腊柱廊支撑起一个三角形屋顶。这是最纯粹和完美的形式。立柱指向三角形屋顶，而三角形屋顶指向天空。这种形式是一种伟大的灵感并代表了人们最崇高的思想。这种形式也是最古老的传统之一，它出现在 1836 年（**图 85**）建成的美国专利局大楼（Patent Office Building）旧址和建于 1830 年的缅因州海德泰德（Head Tide）的普救派教堂（Universalist Church）的立面上（**图 86**）。帕提农神庙的原型经常性地在许多建筑上再现，这种形式已成为优雅美好的普遍象征。

84

85

86

87

继希腊人之后，罗马人继承了希腊的美学思想。大多数罗马庙宇看起来很像希腊人建造的庙宇，但至少有一座是超越过去的。在万神殿（**图 87**）中，罗马人首先设计了一个门廊，门廊的形状类似于希腊神庙的背立面，在其后面建设一圈圆墙，在这些结构顶部建造一个巨大的圆拱顶。门廊和圆顶结合的造型，已有 20 个世纪的历史，而且是永恒的形式。门廊烘托了穹顶，穹顶则将建筑造型引向天空。

88

89

1568年，帕拉第奥在意大利维琴察（Vicenza）市郊一座山上设计的圆厅别墅（La Rotonda）（**图 88**）使用了相同的组合形式。1725年，业余的英国建筑师伯灵顿勋爵（Lord Burlington）在伦敦郊区的奇斯威克住宅（Chiswick House）中也使用了这种形式（**图 89**）。正如人们所见，最有天赋的业余建筑师托马斯·杰斐逊（Thomas Jefferson）先生，在他可爱的蒙蒂塞洛（Monticello）（**图 90**）的设计中使用了这种形式。万神殿原型的衍生形式在世界各地得以弘扬发展。

90

位于盐湖城的摩门教教堂（Mormon Temple）（**图 91**）和位于缅因州哈普斯韦尔（Harpswell）的公理会教堂（Congregational Church）（**图 92**）向我们展示了多年来流传下来的其他传统建筑形式。摩门教教堂让我们想起沙特尔大教堂（**图 4**）。公元 1100 年之后，具有被拉成锐角的屋顶、尖塔和塔楼和狭长立面的大教堂在欧洲大部分地区拔地而起。这些哥特教堂造型轻快而飘逸，翱翔在大城市上空的天际线上，今天的摩门教教堂与此如出一辙。摩门教教堂的塔楼和窗户与沙特尔教堂等哥特式建筑的塔楼和窗户非常相似。哈普斯韦尔教堂中央门道的设计灵感同样来自这些哥特式教堂。约克大教堂（**图 16**）的西门（或称门道）是一组优美的尖拱形状组合而成，有的并排耸立，有的尖拱套在其他尖拱之中。哈普斯韦尔教堂的拱门也是如此，类似于约克大教堂，在这种形式中秩序和优雅之间进行着一场永恒的较量。教堂朴素的木制墙面将尖拱门衬托成为蕾丝花边，尖拱门把墙面反衬为白色相框。

91

92

93

最后，世界上形式简单的建筑延续了自身的传统。有的房子达到与自然和谐；其他一些房子则与自然对立。这样的形式已经持续了好几代人房屋的设计。例如孟希根岛（Monhegan Island）上的渔民棚屋（**图 31**），或者昆德（Khunde）之家（**图 15**），抑或是位于佛罗里达州维马马（Wimauma）的这座乡村教堂（**图 93**）一样，这些房子的形式在一段时间内相互模仿演进。

建筑美学的故事是无穷尽的。已存在的建筑形式十分丰富，新的建筑形式在不断涌现。新鲜事物可能一开始看起来很惊奇，但如果人们有耐心并愿意去思考和解读这些新建筑，就能明白其中的奥妙。如同那些彪炳历史的宏伟建筑或贴近建造者心灵的简单建筑一样，新的建筑形式将会体现和谐之道的魅力。这些建筑也会成为艺术品，构成它们的材料、颜色和形状将与它们所处的环境场所相互融合，让人体验不凡。这就是伟大的艺术之道。

94

附录

A List

如果您想了解本书中所提及的建筑物和构筑物的更多信息，请参考以下列表：

1 泰姬陵（Taj Mahal）于1630—1648年间由印度穆斯林统治者沙贾汗（Shah Jahan）下令在印度阿格拉（Agra）建造，以纪念他最爱的妻子。

2 参观泰姬陵应该在满月的时候。

3 帕提农神庙（Parthenon）位于希腊雅典（Athens），建于公元前447—432年。它由建筑师伊克蒂诺（Ictinus）和卡里克利特（Callicrates）设计，献给智慧女神雅典娜（Athena）。

4 沙特尔大教堂（Chartres Cathedral）位于法国沙特尔。大教堂的一部分建于1145年前后，剩下的建于1194—1220年之间。我们不知道设计者的名字。它的风格被称为哥特式（Gothic）。

5 巨石阵（Stonehenge）位于英国威尔特郡（Wiltshire）的索尔兹伯里平原（Salisbury Plain）。它的建造年代不确定，但至少有3500年的历史。它看起来像是一个敬拜太阳的场所。

6 位于西班牙塞哥维亚（Segovia）的引水渠（aqueduct）大约有2000年的历史，是古罗马高超工程技术的一个案例。它长2392英尺，并且建造得如此精美，至今仍在使用。

7 布鲁克林大桥（Brooklyn Bridge）由约翰·罗布林（John A. Roebling）设计，并由他和他的儿子华盛顿·罗布林上校（Washington A. Roebling）建造。工程始于1869年，第一根电线于1876年8月14日架设，整座桥于1883年5月24日开通。它长1595英尺6英寸，横跨东河（East River），连接曼哈顿（Manhattan）和布鲁克林。

8 位于英国巴斯（Bath）的普尔特尼桥（Pulteney Bridge）是由伟大的苏格兰建筑师罗伯特·亚当（Robert Adam）设计的。它建于1774年，长约156英尺，横跨雅芳河（Avon），连接巴斯和巴斯威克（Bathwick）。

9 这座桥位于西班牙隆达（Ronda），建于1600年左右。它跨越深谷，将古老山城的两个部分连接在一起。隆达在斗牛史上享有盛誉。

10 熨斗大厦（Flatiron Building）位于曼哈顿二十三街，百老汇和第五大道的交叉口。它由芝加哥学派代表人物丹尼尔·伯恩罕（Daniel H. Burnham）设计，建于1901年。其巨大的石墙和出挑宽广的屋顶（称为檐口），与1500年代意大利宫殿中的建筑类似。伯纳姆先生在芝加哥的设计还包括格兰特公园（Grant Park）、马歇尔·菲尔德百货批发商店（Marshall Field Wholesale Store）、蒙纳德诺克大厦（Monadnock Building）和一座名为卢克里（Rookery）的精彩建筑。

11 威尔金森棉纺厂（Wilkinson Cotton Mill）于

1810 年建于美国罗得岛州的波塔基特（Pawtucket, Rhode Island）。它的设计者不为人知，但它看起来很像 19 世纪初在康涅狄格州（Connecticut）和马萨诸塞州（Massachusetts）建造的其他石材工厂。这些工厂的设计者被称为“机械师”（mechanics）。他们后来建造的砖砌建筑向北覆盖至新罕布什尔州（New Hampshire）和缅因州（Maine）。工业革命（Industrial Revolution）——始于 1760 年代的英国，是从手工业转向动力机器和工厂的巨大变革——在美国首先出现在建筑物的改变中，例如斯莱特（Slater）和威尔金森工厂。随着年轻人离开新英格兰农场到工厂里去工作，城市不断发展，也是从此开始，这里逐渐成了一个工业国家。

12　印度阿格拉红堡（Red Fort）与泰姬陵建于同一时期。和泰姬陵一样，它是印度穆斯林建筑的一个案例，这样的建筑也被称为莫卧儿建筑（Mughal architecture）。

13　华盛顿国家美术馆东馆（East Building of the National Gallery of Art in Washington），由贝聿铭事务所（I. M. Pei）设计，1978 年开业。

14　位于缅因州马奎德的马奎德灯塔（Pemaquid Light）建于 1827 年，像大多数美国灯塔一样，它现在是自动的。

15　昆德（Khunde）是尼泊尔昆布山谷（Khumbu Valley of Nepal）中的一个小镇——在去珠穆朗玛峰的路线上。其简单的农场建筑由粗糙的石头制成，通常覆盖着一层由黏土、沙子和一点石灰混合而成的粗糙的灰泥。

16　英国约克大教堂（York Minster）建于 1220—1480 年间，是所有英国哥特式大教堂中最大、最精美的。

17　位于美国波士顿（Boston）的约翰·汉考克大厦（John Hancock Tower）由贝聿铭事务所的亨利·考伯（Henry N. Cobb）设计，1974 年竣工。

18　曼哈顿花旗集团中心（Citicorp Center）位于列克星敦大道（Lexington Avenue）641 号，由休·斯塔宾斯（Hugh Stubbins and Associates）设计，建于 1977 年。

19　沃特大厦（Haughwout Building）位于曼哈顿百老汇 488—492 号。它由盖纳（J. P. Gaynor）于 1857 年设计，铸铁构件由詹姆士·布加度士（James Bogardus）生产。

20　美国国会大厦（the United States Capitol building）是许多建筑师合作设计的作品，1793 年 9 月 18 日开工，因为一些细节的原因，于 1863 年 12 月完工。其中最重要的设计师是威廉·桑顿（William Thornton）、本杰明·拉特罗布（Benjamin H. Latrobe）、查尔斯·布尔芬奇（Charles Bulfinch）

和托马斯·沃尔特（Thomas U. Walter），沃尔特先生设计了铸铁穹顶。

21 卡塞雷斯（Casares）是一个白色的西班牙小镇（西班牙语称为 pueblo blanco），它位于以太阳海岸（Costa del Sol）为人熟知的南部度假区再往内陆几英里的地方。

22 圣方济各教堂（Church of San Francisco de Asis）建于1772年。虽然西班牙定居者希望它看起来像他们记忆中的欧洲建筑，但它的大部分设计来自新墨西哥州（New Mexico）的印第安原住民（the pueblos）。在这座建筑中，我们看到两种传统结合成为一个新的传统。

23 意大利佛罗伦萨育婴院（Foundling Hospital）在意大利语中被称为Ospedale，1419年由菲利波·伯鲁乃列斯基（Filippo Brunelleschi）设计，它的建成标志着伟大的文艺复兴（Renaissance）在建筑领域的开端。

24 桃金娘庭院（Court of the Myrtle Trees）位于格拉纳达阿尔罕布拉宫（Alhambra）的宫殿部分，在西班牙语中被称为城堡（Alcazar）或者王宫（Casa Real）。它建于14世纪。

25 67号栖息地（Habitat 67）由以色列建筑师摩西·萨夫迪（Moshe Safdie）为1967年在加拿大蒙特利尔（Montreal）举行的第67届世界博览会（Expo 67）而设计。它的风格被称为现代主义（Modernist）。这本书中其他现代主义建筑有约翰·汉考克大厦（John Hancock Tower，图17）、花旗集团中心（Citicorp Center，图18）和联邦中心大楼（Federal Center，图78）。

26 环球航空公司航站楼（TWA terminal）由建筑师埃罗·沙里宁（Eero Saarinen）在1956年设计，位于纽约肯尼迪国际机场（John F. Kennedy International Airport），现在被叫做5号航站楼。

27 位于美国缅因州莱温斯顿（Lewiston，Maine）的大陆工厂（Continental Mill）钟楼由查尔斯·道格拉斯（Charles F. Douglas）设计，建于1871—1873年间。

28 路易斯堡广场（Louisburg Square）位于波士顿比肯山（Beacon Hill），由富勒（S. P. Fuller）于1826年设计。这排表面弯曲起伏的房子建于1834—1837年间，属于希腊复兴风格（Greek Revival）。

29 位于美国马萨诸塞州剑桥市（Cambridge，Massachusetts）的阿瑟·萨克勒博物馆（Arthur M. Sackler Museum）建于1985年，由苏格兰建筑师詹姆斯·斯特灵（James Stirling）设计，属于后现代主义风格（Postmodernist）。

30 位于美国缅因州托普舍姆（Topsham）的

Pejepscot 造纸厂（Pejepscot Paper Mill）建于 1862 年，一些历史学家认为它的设计师是塞缪尔·邓宁（Samuel B. Dunning）。

31　缅因州蒙西根岛上（Monhegan Island）渔民所居住的棚屋就像海岸上的许多简易棚屋和仓库一样。

32　海洋牧场公寓（Sea Ranch Condominium）由摩尔（Moore）、林登（Lyndon）、特恩布尔（Turnbull）和惠特克（Whitaker）于 1966 年为加州北部的度假胜地海洋牧场所设计。

33　位于佛蒙特州罗金厄姆（Rockingham, Vermont）的罗金厄姆会议厅（Rockingham Meeting House）建于 1787 年，它是为数不多的至今仍屹立不倒的新英格兰会议厅中最令人印象深刻的一个。

34　德比避暑别墅（Derby Summer House）于 1793 年由来自马萨诸塞州塞勒姆市（Salem, Massachusetts）的伟大建筑师塞缪尔·麦金泰尔（Samuel McIntire），为富商伊莱亚斯·哈斯克特·德比（Elias Hasket Derby）的农场设计，屋顶上的优雅雕像是由来自波士顿的造船大师约翰和西蒙·斯基林（John and Simeon Skillin）雕刻的。这栋建筑现在位于马萨诸塞州丹弗斯（Danvers）的格伦麦格纳农场（Glen Magna Farm），其照片由丹弗斯历史学会（Danvers Historical Society）提供。

35　位于缅因州萨巴斯迪（Sabbathday）的纺纱屋（右）建于 1816 年，男孩商店（左）建于 1850 年，两者都展现出了夏克尔风格（Shaker）建筑简单、纯粹的线条。

36　这是男孩商店的另一个视角。

37　洗衣房（Laundry）建于 1821 年。

38　位于缅因州东希布伦（East Hebron）的浸信会教堂（Baptist Church）与全国各地的小型白色木制教堂非常相似，它们通常是由使用它的人设计和建造的。

39　英格兰韦尔斯（Wells）大教堂的全称是圣安德鲁大教堂（Cathedral Church of St. Andrew）。它始建于 1180—1240 年间，完工于 1290—1340 年。它的风格被称为早期英国式（Early English），是哥特式（Gothic）建筑风格中的一种。

40　位于缅因州布里斯托尔（Bristol）的谷仓建于南北战争（Civil War）之后。

41　这栋建筑位于英国牛津（Oxford），是英国常见的联排房屋。从 1750—1850 年，这种城镇住宅的设计几乎没有改变。

42　格兰奇庄园（Grange Hall）位于缅因州东希布伦，看起来就像 1875—1925 年间在美国各地建造的许多庄园一样。

43　位于尼泊尔（Nepal）加德满都山谷（Katmandu

Valley）菩提纳特（Bodhinath）的房屋可能建于17世纪，雕刻精美的木质窗框和屏风经常被用在加德满都山谷的建筑中。

44 风之宫（Palace of Winds）位于印度斋浦尔（Jaipur）。斋浦尔是拉贾斯坦邦（Rajasthan）的首府，由一位名叫萨瓦杰·辛格（Sawaijai Singh）的王公于1727年建立，他同时也是一位天文学家和数学家。斋浦尔被称为“粉红之城”（Pink City），因为它最早的建筑是用粉色和红色的砂岩建造的，而后来的建筑则用调成粉红色的灰泥建造。女人的宫殿——风之宫，是斋浦尔最美丽的建筑。

45 位于英国巴斯（Bath）的国王米德广场（King's Mead Square）由约翰·斯特拉汉（John Strahan）于1727年设计。

46 这座房屋位于美国缅因州的刘易斯顿（Lewiston），由弗雷德里克·布鲁克（F. Frederick Bruck）于1960年设计。

47 位于西班牙格拉纳达（Granada）的摩尔人浴场（Moorish Baths）建于11世纪。

48 这是建于14世纪的阿尔罕布拉宫（同样位于格拉纳达）的一个房间，因蜂窝状穹顶天花板而闻名。

49 拉格斯住宅（Ruggles House）是位于缅因州哥伦比亚福尔斯市（Columbia Falls）的一座漂亮的白色房子。它建于1818年，被称为“四方形”，因为它看起来完全就是方形的。它的室内雕刻非常精美。

50 位于美国新罕布什尔州朴茨茅斯（Portsmouth, New Hampshire）的朴茨茅斯神殿（Portsmouth Athenaeum）建于1817年，其风格与罗伯特·亚当（Robert Adam）在普尔特尼桥（Pulteney Bridge，图8）上使用的风格相似。在美国，这被称为联邦风格（Federal style）。拉格斯住宅（图49）是联邦风格和早期风格的结合。

51 这座犹太教堂（El Tránsito）建于14世纪的西班牙托莱多（Toledo），是西班牙古都仅存的两个犹太教堂之一，它们现在都被当作公共纪念碑而不是礼拜场所使用。教堂内部的灰泥装饰是穆迪札尔风格（Mudéjar）的一个著名案例——它们都是穆斯林（Muslim）工匠的作品。

52 像斯托小镇中（Stow-on-the-Wold）这样的门，在不列颠群岛（British Isles）随处可见。

53 西班牙萨拉曼卡新大教堂（New Cathedral at Salamanca）的大门建于1513—1560年间，是那一时期建筑风格的典范。

54 位于法国西南部高山上的孔克修道院（Conques）是著名的朝圣修道院，它有近千年的历史，是法国罗马式（French Romanesque）建筑的典范。

55　三一教堂（Trinity Church）坐落于马萨诸塞州波士顿（Boston，Massachusetts）科普利广场（Copley Square），设计于1873年。在这座他最著名的建筑中，建筑师理查森（H. H. Richardson）诠释了自己所理解的罗马式风格。理查森在美国一度有非常大的影响力。

56　梵蒂冈圣彼得大教堂（St. Peter's）的穹顶是由米开朗基罗（Michelangelo）于1546年设计的，这种穹顶被称为“文艺复兴顶峰”（High Renaissance）之作。

57　圣彼得大教堂（St. Peter's）前宏伟的椭圆形广场，由詹洛伦佐·贝尔尼尼（Gianlorenzo Bernini）设计，建于1657年。每个长廊由圆石柱支撑着长廊的顶，柱廊好像一对手臂，伸出手去迎接游客前往这座巨大的教堂。

58　意大利比萨大教堂（Cathedral at Pisa）是意大利罗马式风格（Pisan Romanesque style），始建于11世纪。

59　伯鲁乃列斯基（Brunelleschi）设计的佛罗伦萨大教堂（Cathedral at Florence）穹顶，是罗马时代之后建立的第一个大穹顶（Duomo），一直被公认为文艺复兴时代的第一朵报春花。穹顶于1420年开始设计，当它完工时，佛罗伦萨人盛赞它是一个古老的建筑奇迹，堪称史无前例。

60　这些谷仓是中世纪建造的，用来存放佃农的谷物以支付给农庄主的佃租。图中在英国拉科克（Lacock）小镇的谷仓体量很小，但是它和其他大型谷仓一样，具有如同一幢教堂一样的内在。

61　华盛顿特区国家美术馆东馆高悬的天花板搭配亚历山大·考尔德（Alexander Calder）的动态雕塑，构成了一幅钢桁架和玻璃结合的奇妙拼图。

62　达勒姆大教堂的室内构造可以追溯到威廉一世时代。这座建于11世纪和12世纪的教堂是罗曼式建筑的经典案例。

63　西班牙的科尔多瓦大清真寺内部是一片柱廊和摩尔式（Moorish）拱门组成的森林，其中含有一些罗马柱式。它始建于785年，并经历了几个世纪的改扩建。

64　米开朗基罗为罗马圣彼得大教堂（St. Peter's in Rome）设计的穹顶内部如此巨大，以至于难以估量它的大小。它有137英尺6英寸宽，灯笼式天窗内部宽134英尺8英寸。

65　英国剑桥大学（Cambridge University）国王学院礼拜堂（King's College Chapel）的天花板建于16世纪，是现存最好的晚期哥特式拱顶。

66　万神殿（Pantheon）的穹顶有143英尺宽，圆洞距地143英尺高，为这座古老的神庙提供了美妙而均匀的光线。穹顶是一个圆的上半部分，如果

这个圆是完整的，它的最低边缘将接触到地板。这个圆形的大小与墙壁围成的圆形完全相同，这些匹配的圆形使得万神殿具有完美的比例。

67 帕齐礼拜堂（Pazzi Chapel）附属于圣十字教堂（Church of Santa Croce），是伯鲁乃列斯基（Brunelleschi）于1430年左右设计的，花了30年时间才完成。穹顶宽约36英尺，底部颜色鲜艳的彩陶雕塑由佛罗伦萨雕塑家卢卡·迪拉·罗比亚（Luca Della Robbia）设计。

68 西班牙的塞维利亚大教堂规模巨大，是欧洲第三大教堂。仅有罗马的圣彼得大教堂和伦敦的圣保罗大教堂规模更大。圣彼得教堂的天花板（不包括圆顶）高出人行道150英尺；塞维利亚大教堂的哥特式天花板高出人行道184英尺。它始建于1401年，这张照片中的建筑部分同时展示了哥特式和文艺复兴风格。

69 克里斯托弗·雷恩爵士是最伟大的英国建筑师之一。他在1664年设计了英国牛津大学（Oxford University）的谢尔登剧院。这座剧场和一些类似的建筑设计为他承担之后一项艰巨的任务提供了工作基础，这项艰巨的任务就是重建1666年大火之后的伦敦。在伦敦重建工作中，雷恩爵士设计了50多座教堂，包括圣保罗大教堂，一座宏伟的海关大楼，他永远地改变了伦敦的城市风貌。

70 英国巴斯的这面墙把英国境内保存最好的古罗马遗迹暨古罗马浴场与毗邻的亚贝教堂（Abbey Church）庭院隔离开来。

71 这幅由艺术家理查德·哈斯（Richard Haas）在波士顿建筑中心墙上绘制的壁画好似一副巨型的建筑师们400年来绘制的剖面图。

72 奥维托大教堂始建于1290年（奥维托是位于锡耶纳和罗马之间的一座山城）。在大教堂完工之前，已有33位建筑师为之辛勤工作。

73 圣乔治马乔雷教堂位于威尼斯环礁湖的圣乔治岛上。它的大部分建筑是由伟大的建筑师安德烈·帕拉第奥设计的，教堂建于1566—1610年之间。

74 在1050—1300年之间，有几十户人家住在羚羊屋。羚羊屋的建造者阿纳萨齐族（Anasazi）是新墨西哥州、亚利桑那州和科罗拉多州部分地区普韦布洛印第安人（Pueblo Indians）的祖先。阿纳萨齐族是专业的石匠，他们建造的房子依然矗立在那些州的深谷里。这些悬崖民居中最为著名案例位于科罗拉多州南部的梅萨维德国家公园（Mesa Verde National Park）。这些西南部的悬崖民居在公元1300年后不久就被遗弃了，但是它们所展现出的孤傲的尊严是无与伦比的。

75 意大利锡耶纳的坎波广场（也叫田园广场、贝壳广场，Piazza del Campo）是欧洲伟大的户外空间之一。

76　1506年，受到费迪南德国王和伊莎贝拉王后的委托，皇家礼拜堂由建筑师恩里克·埃加斯（Enrique de Egas）设计并于1521年竣工。

77　西班牙中部是一片高平原。然而，孔苏埃格拉（Consuegra），一座长长的山脉穿过平原。大约在1830年左右，居民沿着山脊建造了一排石头风车。有时候，这些风车看似巨人一般。一位虚构的名为堂吉诃德（Don Quixote）的骑士，曾经和风车进行过一场假象中的决斗，就像与想象中的巨人决斗一样。

78　联邦中心建筑群建于1959—1973年之间。他占据了芝加哥的一个街区，其范围位于西亚当斯街（West Adams Street，）、南克拉克街（South Clark Street）、西杰克逊大道（West Jackson Boulevard）和南迪尔伯恩街（South Dearborn Street）之间。虽然现代主义建筑风格有多种形式，但当人们使用“现代主义建筑”这个名词的时候就会联想到联邦中心建筑群这一类型的建筑。

79　位于英格兰布莱顿的英皇阁（Royal Pavilion）由约翰·纳什（John Nash）在1815—1818年间为摄政王子而设计，这位王子后来成为乔治四世国王。

80　1526年，米开朗基罗的学生佩德罗·莫丘（Pedro Mochuca）设计了位于西班牙格拉纳达阿罕布拉宫的查理五世宫殿。

81　1767年，位于英格兰巴斯的皇家新月建筑由小约翰·伍德（John Wood）设计。它花费八年时间建造完成，并成为英国城市建筑中最伟大的一项成就。

82　比萨洗礼堂始建于1153年，并于14世纪初完工。下部为罗马风建筑，上层是哥特式建筑。

83　菩提那佛塔据信有400—500年的历史。（窣堵坡）佛塔存放佛教文物和宗教物品的建筑。这座位于尼泊尔加德满都山谷的佛塔是世界上规模最大的（窣堵坡）佛塔之一。它在2015年的一次地震中遭到严重破坏。

84　这是帕提农神庙的另一面景观。

85　在19世纪早期，大多数美国政府办公楼都遵循古希腊和罗马的建筑风格。华盛顿的专利局大楼始建于1836年，是希腊复兴风格的典范。它由罗伯特·米尔斯（Robert Mills）设计，他还设计了华盛顿纪念碑（Washington Monument）和美国财政部大楼（Treasury Building）。现在，国家肖像画廊（National Portrait Gallery）和美国国家艺术博物馆（National Museum of American Art）占据了旧的专利局大楼。

86　缅因州海德泰德（Head Tide）的普救派教堂（Universalist Church）建于1830年，设计者不详。这栋建筑部分采用了希腊复兴风格，在19世纪初，

整个新英格兰地区都修建了类似风格的建筑。

87　罗马的万神庙是唯一保存完好的古代建筑。它最初建于公元前27年，然后由哈德良（Hadrian）皇帝在公元117—125年间重建。

88　意大利维琴察这座建筑的实际名称是阿尔梅里科（Almerico）别墅，但没有人这样称呼它，而是被人们叫做圆厅别墅（La Rotonda），因其最重要的房间是正圆形的，并覆盖有一个圆顶。圆厅别墅有四个门廊、圆顶和摆放精美的雕塑，它庄严而静谧，几个世纪以来一直吸引着人们，并且影响了全世界的建筑审美。

89　奇斯威克住宅（Chiswick House）由伯灵顿勋爵和威廉·肯特（William Kent）于1725年设计，位于伦敦一个叫奇斯威克的片区。

90　这是蒙蒂塞洛（Monticello）的西立面。它位于弗吉尼亚州的夏洛茨维尔（Charlottesville），由托马斯·杰斐逊在1770—1806年间分阶段设计而成。

91　犹他州盐湖城的摩门教教堂是由杜鲁门·安吉尔（Truman O. Angell）和约瑟夫·杨（Joseph Young）设计的，并建于1853—1893年之间。

92　缅因州哈普斯韦尔的以利亚·凯洛格公理会教堂（Elijah Kellogg Congregational Church）建于1843年。其设计者不为人知，但它是希腊复兴和哥特式复兴风格的完美结合的建筑。

93　佛罗里达州维马马（Wimauma）的美以美会（The Methodist Episcopal Church）教堂建于1913年。与缅因州东希伯仑（East Hebron）的浸信会教堂（Baptist Church）一样（图38），它是普遍出现在美国农村社区的许多形式简单的木制教堂之一。

作者简介

About the Author

本书原作者菲利普·艾萨克森（Philip M. Isaacson）是缅因州《星期日电报》（Maine Sunday Telegram）的律师和艺术评论家。除了写作本书之外，艾萨克森先生还撰写了另一本书《围绕金字塔踱步 & 穿越艺术的世界》（A Short Walk Around the Pyramids & Through the World of Art）。十分遗憾，艾萨克森先生于2013年去世，享年89岁。

著作权合同登记图字：01-2022-5599号
图书在版编目（CIP）数据

圆形、方形和流线型的建筑 /（美）菲利普·艾萨克森著；闫晋波，韦诗誉，李娜译. —北京：中国建筑工业出版社，2022.11
书名原文：Round Buildings，Square Buildings，and Buildings that Wiggle Like a Fish
ISBN 978-7-112-28364-4

Ⅰ. ①圆… Ⅱ. ①菲… ②闫… ③韦… ④李… Ⅲ. ①建筑艺术－艺术评论－世界 Ⅳ. ①TU-861

中国国家版本馆 CIP 数据核字（2023）第 029656 号

责任编辑：姚丹宁
书籍设计：张悟静
责任校对：张　颖

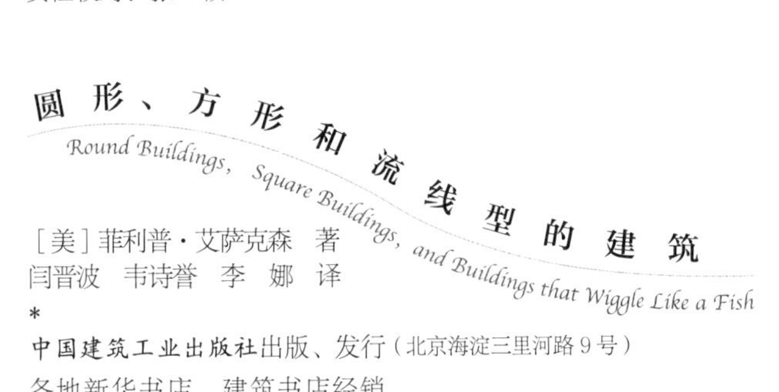

［美］菲利普·艾萨克森　著
闫晋波　韦诗誉　李　娜　译
*
中国建筑工业出版社出版、发行（北京海淀三里河路 9 号）
各地新华书店、建筑书店经销
北京雅盈中佳图文设计公司制版
北京富诚彩色印刷有限公司印刷
*
开本：889 毫米 × 1194 毫米　1/20　印张：$6^4/_5$　字数：142 千字
2023 年 1 月第一版　2023 年 1 月第一次印刷
定价：85.00 元
ISBN 978-7-112-28364-4
（39739）